Bibliografische Information der Deutschen Nationalbibliothek:

Die Deutsche Bibliothek verzeichnet diese Publikation in der Deutschen Nationalbibliografie; detaillierte bibliografische Daten sind im Internet über http://dnb.d-nb.de/ abrufbar.

Impressum:

Druck und Bindung: Books on Demand GmbH, Norderstedt Germany
ISBN: 9783668506985

Dieses Buch bei GRIN:

http://www.grin.com/de/e-book/372256/ist-supplementation-von-vitaminen-durch-nahrungsergaenzungsmittel-sinnvoll

Rafael Lopes Dos Reis

Ist Supplementation von Vitaminen durch Nahrungsergänzungsmittel sinnvoll oder gefährlich?

Auf der Suche nach einem guten Weg der Nahrungsmittelproduktion

GRIN Verlag

Inhaltsverzeichnis

1. Einleitung

„Ein schöner Körper wird mit Gesundheit, Erfolg und Zufriedenheit assoziiert, eine unattraktive äußere Erscheinung hingegen mit Krankheit, Depression und Niederlage“ ein Zitat von Renate Luca.[1]

Darauf beruht der Antrieb aller, die jeden Tag Multivitamintabletten für die Gesundheit, Fischölkapseln für den Muskelaufbau oder Botin für schöne Haare und Nägel zu sich nehmen.

Dies ist aber auch die Ursache dafür, dass tausende Nahrungsergänzungsmittel auf dem Markt erhältlich sind. Sie prophezeien Gesundheit, Schönheit und Vitalität, all das was in unseren Augen einen „schönen“ Körper ausmacht. Erhältlich sind die „Wundermittel“ in Apotheken, Drogeriemärkten, Reformhäusern, aber auch in Supermärkten oder im Internet unter der Rubrik „Gesundheit“ zu finden.

Und wenn wir mal ehrlich sind, wollen wir nicht das Beste für uns und unsere Gesundheit? -Also je mehr, desto besser? Desto schöner, gesünder, erfolgreicher und zufriedener sind wir?

Es ist unumstritten, dass „Vitamine und Mineralstoffe [...] für das Leben so notwendig [sind] wie Wasser und Luft - ohne sie können wir nicht existieren“[2], denn wir brauchen diese Nährstoffe für einen funktionierenden Stoffwechsel. Diverse Körperfunktionen werden erst durch Vitamine und Mineralstoffe gewährleistet und aufrecht erhalten.

Diese Nährstoffe kann der menschliche Organismus, bis auf wenige Ausnahmen, nicht selbst produzieren und müssen deshalb mit der Nahrung aufgenommen werden. Doch genau da scheitern die meisten, denn unsere Ernährung ist nicht immer gesund und ausgewogen. Die Angst wächst ständig von dem einen oder andern, Vitamin oder Mineralstoff zu wenig zu haben und auch die Medien tragen viel zu dieser Angst bei. Denn diese sprechen von modernen Lebensumständen, wie Stress, Umweltverschmutzung und Rauchen, die einen erhöhten Vitaminbedarf verursachen würden.

Deshalb nehmen viele das Angebot der Werbung dankend an und wollen diesen Mangel, beziehungsweise erhöhten Vitaminbedarf mittels Supplementation in Tabletten-, Kapsel-, Pulver- oder flüssiger Form mindern.

---

[1] Luca, R.: Körper und Körperbilder. Medienkritik u. medienpädagogische Bildungsarbeit, S. 44

[2] Murschall, R.: Vitamine und Mineralstoffe, S. 9

Auf die positiven Wirkungen dieser Präparate wird der Verbraucher täglich hingewiesen, doch die Gefahren von solchen Nahrungsergänzungsmittel werden stets vernachlässigt und kaum einem sind sie bekannt.

In nachfolgenden Arbeitschritten soll die Sinnhaftigkeit der Supplementation von Vitaminen untersucht werden.

Zunächst wird auf die Begriffsdefinition „Nahrungsergänzungmittel" eingegangen und was die Abgrenzung dieser zu Arzneimittel.

Daraufhin folgt eine genaue Auseinandersetzung mit Vitaminen, einleitend mit der Entdeckung der ersten Vitamine. Auch hier wird auf die Begriffsdefinition von Vitamin eingegangen. Es soll herausgearbeitet werden, wie sich fett- und wasserlösliche Vitamine unterscheiden und in dem nächsten Schritt werden Antioxidantien und Radikale genauer definiert. Im Weiteren werden die Eigenschaften, Wirkungen und Funktionen der Vitamine und deren Bedarf, Vorkommen und Anteile in Lebensmitteln erschlossen. Im Anschluss werden die Risiken bei Überdosierung herausgearbeitet.

Im vierten Kapitel werden Vor- und Nachteile der Supplementation von Vitaminen abgewogen.

Daraufhin wird die Forschungsumfrage betrachtet, es wird auf die Entwicklung des Fragebogens, sowie auf die Befragungssituation und Durchführung der Umfrage, als auch auf die Auswertung genauer eingegangen. Zuletzt soll eine Diskussion erschloßen werden über Verhaltensmuster, Sachkenntnis und Erwartungen der Probanden.

In dem abschließenden Fazit dieser Arbeit wird die Bedeutung der Forschungsergebnisse resümiert.

2. Nahrungsergänzungsmittel

2. 1 Begriffsdefinition Nahrungsergänzungsmittel

In der Nahrungsergänzungsmittel-Verordnung von dem 24.05.2004 ist ein Nahrungsergänzungsmittel definiert als „ein Lebensmittel, das

1. dazu bestimmt ist, die allgemeine Ernährung zu ergänzen,

2. ein Konzentrat von Nährstoffen oder sonstigen Stoffen mit ernährungsspezifischer oder physiologischer Wirkung allein oder in Zusammensetzung darstellt und

3. in dosierter Form, insbesondere in Form von Kapseln, Pastillen, Tabletten, Pillen und anderen ähnlichen Darreichungsformen, Pulverbeuteln, Flüssigampullen, Flaschen mit Tropfeinsätzen und ähnlichen Darreichungsformen von Flüssigkeiten und Pulvern zur Aufnahme in abgemessenen kleinen Mengen, in den Verkehr gebracht wird.“[3]

Vereinfacht ausgedrückt sind Nahrungsergänzungsmittel Produkte, die trotz ihrer ungewöhnlichen Darreichungsform nicht den Arzneimitteln sondern den Lebensmitteln zugeordnet werden und in diesem Sinne Nähr- und Wirkstoffe in konzentrierter Form liefern. Bestandteile sind Vitamine, Spurenelemente, Mineralstoffe, Aminosäuren und Ballaststoffe oder Pflanzenbestandteile.

2.2 Abgrenzung zu Arzneimitteln

Rechtlich zählen die Nahrungsergänzungsmittel zu den Lebensmitteln und unterliegen den Bestimmungen des Lebensmittel- und Futtermittelgesetzbuches (LFGB) sowie der Nahrungsergänzungsmittelverordnung (NemV).
Unterschieden werden die Nahrungsergänzungsmittel von den Arzneimitteln aus den Definitionen von Lebensmittel und Arzneimittel:

„Lebensmittel sind alle Stoffe oder Erzeugnisse, die dazu bestimmt sind oder von denen nach vernünftigem Ermessen erwartet werden kann, dass sie in ver-

[3] Kügel J. W.; Hahn A.; Delewski M.; Nahrungsergänzungsmittel-Verordnung; S. 20

erarbeitetem, teilweise verarbeitetem oder unverarbeitetem Zustand von Menschen aufgenommen werden."[4]

Im Gegensatz dazu werden als Arzneimittel als Erzeugnisse eingestuft, die insbesondere dazu dienen „[...] Krankheiten, Leiden, Körperschäden oder krankhafte Beschwerden zu heilen, zu lindern, zu verhüten oder zu erkennen oder auch die Beschaffenheit, den Zustand oder die Funktionen des Körpers oder seelische Zustände zu beeinflussen."[5]

Bei einem Vortrag des Kongresses »Ernährung, Diätetik, Infusionstherapie« in Berlin erklärte Professor Dr. Martin Schulz: „Nahrungsergänzungsmittel benötigen keine Zulassung, also auch keinen Nachweis der Wirksamkeit und Sicherheit durch klinische Studien."[6] Mit dieser Aussage nannte der Vorsitzender der Arzneimittelkommission der Deutschen Apotheker (AMK) und Geschäftsführer der Bundesvereinigung Deutscher Apothekerverbände (ABDA) einen wichtigen Unterschied zu Arzneimitteln. Denn für die Markteinführung benötigt es lediglich eine Registrierung beim Bundesamt für Verbraucherschutz und Lebensmittelsicherheit (BVL).[7] Dementsprechend sind diese für den Bürger nicht nur in der Apotheke sondern, rezeptfrei in jedem Supermarkt, Drogeriegeschäft oder andernorts erhältlich. Die dadurch erhöhte Zugänglichkeit und Legitimität bringt eine bedenkenlose Einnahme von einer Vielzahl von Menschen mit sich.

---

[4] BMELV: http://www.bmel.de/DE/Ernaehrung/SichereLebensmittel/SpezielleLebensmittelUndZusaetze/Nahrungsergaenzungsmittel/Nahrungsergaenzungsmittel_FAQs/_Texte/Ergaenzungsmittel-Verbraucher/NEMvsAZM.html (10.10.2016)

[5] BMELV: http://www.bmel.de/DE/Ernaehrung/SichereLebensmittel/SpezielleLebensmittelUndZusaetze/Nahrungsergaenzungsmittel/Nahrungsergaenzungsmittel_FAQs/_Texte/Ergaenzungsmittel-Verbraucher/NEMvsAZM.html (10.10.2016)

[6] Sauer, B.: Nahrungsergänzungsmittel - Viele Produkte, wenig Nutzen, in: Pharmazeutische Zeitung, S. 32

[7] BMELV http://www.bmel.de/DE/Ernaehrung/SichereLebensmittel/SpezielleLebensmittelUndZusaetze/Nahrungsergaenzungsmittel/ergaenzungsmittel_node.html (10.10.2016)

3. Vitamine

3.1 Die Entdeckung der ersten Vitamine

Bereits im 18. Jahrhundert erkannte man, dass sich die unter Seefahrern verbreitete Erkrankung Skorbut, die zu inneren Blutungen und Zahnausfall führt, durch Sauerkraut und Zitrusfrüchte, behandeln und vermeiden ließ.
Doch erst im 19. Jahrhundert begann die wissenschaftliche Erforschung der Vitamine, als der Arzt Christiaan Eijkman die Beriberi-Krankheit an indonesischen Soldaten beobachtete. Im Jahr 1897, fand dieser heraus, dass das Heilmittel der Mangelkrankheit in der Hülle von unbehandeltem braunen Reis sein musste. Daraufhin beschäftigte sich Kasimir Funk mit der Isolation dieses Stoffes, welches sich als das heutige bekannte Thiamin herausstellte (Vitamin B_1).[8]

3.2 Begriffsdefinition Vitamin

Der Begriff »Vitamin« wurde 1911 von Kasimir Funk (1884–1967) gewählt und stammt aus dem lateinischem Wort »vita« (»Leben«) und »Amin«, einer Stickstoffverbindung. Zusammengesetzt bedeutet es »lebenswichtiges Amin«.[9] Später wurde die Bezeichnung übergreifend verwendet.
Vitamine gewährleisten in kleinsten Mengen die Aufrechterhaltung vielfältiger Stoffwechselprozesse und sind somit für den Menschen essentiell. „[Sie] wirken dabei meist als Katalysatoren unterschiedlicher Enzymsysteme."[10] Eine selbständige Synthese der organischen Verbindungen durch den menschlichen Organismus ist, bis auf Vitamin D, nicht möglich. Daher muss der Mensch, sie exogen über die Nahrung aufnehmen.

3.3 Unterschiede zwischen fett- und wasserlöslichen Vitaminen

Generell unterteilen Ernährungswissenschaftler Vitamine in wasserlösliche (hydrophil) und fettlösliche (lipophil). Die Gruppe der wasserlöslichen Vitamine besteht aus den Vitaminen B1, B2, B6, B12, Folsäure, Niacin, Pantothensäure,

---

8 vgl.: Murschall, R.: Vitamine und Mineralstoffe, S. 12

9 Duden: http://www.duden.de/rechtschreibung/Vitamin 20.10.2016

10 Elmadfa, I.; Fritzsche, D.: Die große GU Vitamin- und Mineralstoff-Tabelle, S. 6

Biotin und Vitamin C. Für den Menschen zu beachten ist, dass wasserlösliche Vitamine lediglich in geringen Mengen gespeichert werden, welche den Bedarf nur für kurze Zeit decken. Die Ausnahme in diesem Fall bildet Vitamin B_{12}, das der Körper über mehrere Jahre hinweg speichern kann.

Im Gegensatz dazu, können die fettlöslichen Vitamine A, D, E und K nur in Begleitung von Fetten als Transportmittel in den Zellen der Adipozyten absorbiert und gespeichert werden. Wichtig ist, dass fettlösliche Vitamine nicht über den Urin ausgeschieden werden können, wodurch durch Kumulation die Gefahr einer Hypervitaminose besteht.[11,12]

3.5 Die Eigenschaften, Wirkungen und Funktionen der Vitamine und deren Bedarf, Vorkommen und An teile in Lebensmitteln

3.5.1 Vitamin A und Beta Carotin (Provitamin A)

Vitamin A_1, Retinol oder auch Axerophthol genannt, zählt zu den fettlöslichen Vitaminen. Chemisch betrachtet lässt sich Retinol zur Gruppe der Diterpene zuordnen und gilt als einwertiger, primärer Alkohol. Bei Betrachtung der Struktur des Moleküls ist ein Ring aus sechs Kohlenstoffatomen, dem β-(Beta-)Jononring, und zudem eine Folge konjugierter Doppelbindungen zu verzeichnen.[13]

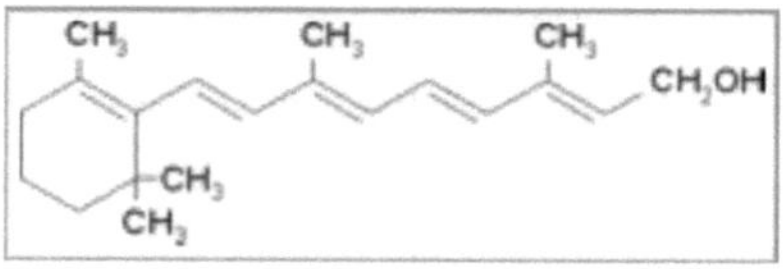

Abb. 1: Strukturformel Vitamin A[14]

Vitamin A tritt in der Natur in zwei Hauptformen auf: Zum einen als reines Retinol, das lediglich in tierischen Produkten vorhanden ist und zum anderen in Form von bestimmten Carotinoiden (A-Provitamine), die pflanzlichen Ursprungs sind.

---

[11] vgl.: Elmadfa, I.; Fritzsche, D.: Die große GU Vitamin- und Mineralstoff-Tabelle, S. 6

[12] vgl.: Murschall, R.: Vitamine und Mineralstoffe, S. 20

[13] vgl.: http://www.chemie.de/lexikon/Retinol.html (22.10.2016)

[14] http://www.vitamine-lexikon.de/images/vitamine/vitamin-a-retinol.gif (22.10.2016)

Der menschliche Organismus ist in der Lage je nach Bedarf, diese Vorstufen in der Darmwand in aktive Vitamin-A-Ester zu synthetisieren und so bei der Bedarfsdeckung mitwirken zu lassen. Aufgrund der höheren Absorptionsrate, gilt dabei das β-Carotin als Hauptvertreter der A-Provitamine.

Die Resorption und Umwandlung der Provitamine ist jedoch nicht unbegrenzt. Um eine Vergleichbarkeit zwischen Vitamin A und deren Vorstufen zu schaffen, entwickelten Forscher einen Umrechnungsfaktor, genannt Renitoläquivalente. Für diese gilt, dass 6 Teile β-Carotin, beziehungsweise 12 Teile anderer Carotinoide (α-Carotin, Kryptoxathin) benötigt werden, um ein Teil Retinol zu bilden.[15]

Unter den Nahrungsergänzungsmitteln findet das Vitamin viel Verwendung, da an vielen verschiedenen Prozessen im Organismus Wirkungen durch Retinol bzw. β-Carotin nachgewiesen sind. Am bekanntesten ist Vitamin A für seine Wirkung beim Sehvorgang. So ist dessen Aldehyd (Retinal) der lichtempfindliche Bestandteil des Rhodopsin-Moleküls. Dieser Sehfarbstoff auch Sehpurpur genannt, wird in den Stäbchenzellen der Netzhaut benötigt, um Lichtreize in elektrische Signale für das Gehirn umzuwandeln und ist somit unabdingbar für die Sehfähigkeit.[16]

Außerdem ist Vitamin A auch für die Geschlechtsorgane ein Ausgangsstoff von hoher Bedeutung. Forschungen zeigten, dass die Produktion der Geschlechtshormone Testosteron und Östrogen durch eine gute Vitamin A-Versorgung gesteigert werden kann. Somit steht eine Impotenz oder eine gestörte Fertilität u. A. in Zusammenhang mit einem Retinol-Mangel.[17]
Ferner ist bei der Leistungsfähigkeit und Regeneration des Immunsystems der Vitalstoff notwendig. Zum einen erhöht Vitamin A und β-Carotin die Widerstandsfähigkeit gegenüber Viren, Bakterien und anderen Krankheitserregern. Grund dafür, ist die verbesserte Abwehrfunktion der Haut und Schleimhäute, die wie Barrieren wirken. Des Weiteren fördern sie die Wirksamkeit und Zahl der lebenswichtigen Leukozyten (Immunzellen). Aufgrund des bereits genannten Doppelbindungssystems im Molekül, besitzt Vitamin A die antioxidative Eigenschaft, die Oxidation der freien Radikale freiwillig Elektronen abzugeben und

[15] Elmadfa, I.; Fritzsche, D.: Die große GU Vitamin- und Mineralstoff-Tabelle, S. 6

[16] vgl.: Murschall, R.: Vitamine und Mineralstoffe, S. 21f

[17] vgl.: Murschall, R.: Vitamine und Mineralstoffe, S. 21f

somit Zellmembran und DNA zu schützen.[18] Dementsprechend schützt ausreichende Vitamin A-Versorgung, beispielsweise vor einer Tumorerkrankung oder einer Lungenentzündung.

Zuletzt dient Vitamin A bei der Zellteilung und bei vielen Wachstumsprozessen als wichtiges Coenzym. Somit ist Vitamin A bei der Zellteilung der Epithelgewebe (Deck- und Drüsengewebe) der Haut und Schleimhaut sowie des Knorpelgewebes ein unverzichtbarer Faktor. Folglich wird Axerophthol immer öfters in Pflegeprodukten wie Shampoos und Cremes verwendet, um eine „straffende" und „neugenerierte" Haut hervorzubringen.[19]

Damit ein reibungsloser Ablauf dieser lebenswichtigen Prozesse erfolgt, ist der Mensch auf eine ausreichende Vitamin Versorgung über der Ernährung angewiesen. In der Bundesrepublik Deutschland wird die empfohlene Tageszufuhr von der Deutschen Gesellschaft für Ernährung e.V (DGE) gestellt. Diese ist von Alter, Geschlecht und körperlicher Aktivität abhängig und sind für Schwangere und Stillende anders. Eine Zusammenfassung der Referenzwerte aller Vitamine sind aus der Tabelle 9 im Anhang zu entnehmen.[20]

In der nachfolgenden Tabelle, werden die von der DGE empfohlenen Richtwerte an Vitamin A pro Tag aufgeführt.

[18] vgl.: Murschall, R.: Vitamine und Mineralstoffe, S. 120

[19] vgl.: Murschall, R.: Vitamine und Mineralstoffe, S. 21

[20] siehe Seite 42

Alter	Retinol mg-Äquivalent/Tag m	w
Säuglinge		
0 bis unter 4 Monate	0,5	
4 bis unter 12 Monate	0,6	
Kinder		
1 bis unter 4 Jahre	0,6	
4 bis unter 7 Jahre	0,7	
7 bis unter 10 Jahre	0,8	
10 bis unter 13 Jahre	0,9	
13 bis unter 15 Jahre	1,1	1,0
Jugendliche und Erwachsene		
15 bis unter 19 Jahre	1,1	0,9
19 bis unter 25 Jahre	1,0	0,8
25 bis unter 51 Jahre	1,0	0,8
51 bis unter 65 Jahre	1,0	0,8
über 65 Jahre	1,0	0,8
Schwangere ab 4. Monat		1,1
Stillende		1,5

Tab. 1: Empfohlene Tageszufuhr Vitamin A[21]

Da der Körper Retinol in relativ großen Mengen speichert, kommt es selten zu einem Vitamin A-Mangel. Dennoch können diese Symptome eine Hypovitaminose deuten: brüchige Fingernägel, trockene Haut und Haare, erhöhtes Infektrisiko, Nachtblindheit und andere Sehstörungen sowie Schleimhautinfektionen. Werden die Speicher dauerhaft nicht gedeckt, kommt es durch Deformierungen der Augen zu einem eingeschränkten Sehvermögen.[22,23]

„Als besonders reich an Vitamin A wurden solche Lebensmittel bezeichnet, durch die mit einer üblichen Portion mindestens 20% der von der DGE empfohlenen Zufuhr von Vitamin A erreicht werden (orientiert an der Empfehlung für

[21] vgl.: https://www.dge.de/wissenschaft/referenzwerte/vitamin-a-b-carotin (24.10.2016)

[22] Elmadfa, I.; Fritzsche, D.: Die große GU Vitamin- und Mineralstoff-Tabelle, S. 6

[23] Murschall, R.: Vitamine und Mineralstoffe, S. 22

männliche Erwachsene)."[24] Beispiele für Lebensmittel, die als reiche Quelle von (Pro-)Vitamin A gelten, sind in folgender Tabelle dargestellt.

Lebensmittel (verzehrbarer Teil)	Portion 100 g	mg je Portion**	% der empf. Tageszufuhr* Männer	Frauen
Milchprodukte	Camembert	0,4	40	50
	Sahne	0,3	30	38
	Gouda	0,2	30	25
Fette und Öle	Lebertran	24,0	240	3000
	Butter	0,7	70	88
	Margarine	0,6	60	75
Fleisch	Rinderleber	14,0	140	1750
	Schweineleber	9,0	90	1125
	Schweinefleisch	0,3	30	38
Fisch	Aal	1,2	120	150
Obst	Mango	0,2	20	25
	Aprikose	0,3	30	38
	Kaki	0,2	20	25
Gemüse	Karotten	1,6	160	200
	Feldsalat	0,7	70	88
	Pfifferling	0,2	20	25

*Empfohlene Tageszufuhr für Erwachsene (m/w): 1,0 mg / 0,8 mg
**Der Vitamingehalt schwankt je nach Sorte und Herkunft zum Teil erheblich.

Tab. 2: Reiche Quellen an Vitamin A[25]

3.5.2 Vitamin D

Vitamin D, Calciferol oder auch antirachitisches Vitamin genannt, ist ein Oberbegriff für eine Gruppe fettlöslicher Vitamine, die zur Stoffklasse der Secosteroiden, einer Ableitung der Steroiden, zugeordnet werden.[26]

[24] Elmadfa, I.; Fritzsche, D.: Die große GU Vitamin- und Mineralstoff-Tabelle, S. 7

[25] vgl.: Elmadfa, I.; Fritzsche, D.: Die große GU Nährwert- und Kalorien-Tabelle, S. 82 - 87

[26] vgl.: http://www.chemie.de/lexikon/Cholecalciferol.html (22.10.2016)

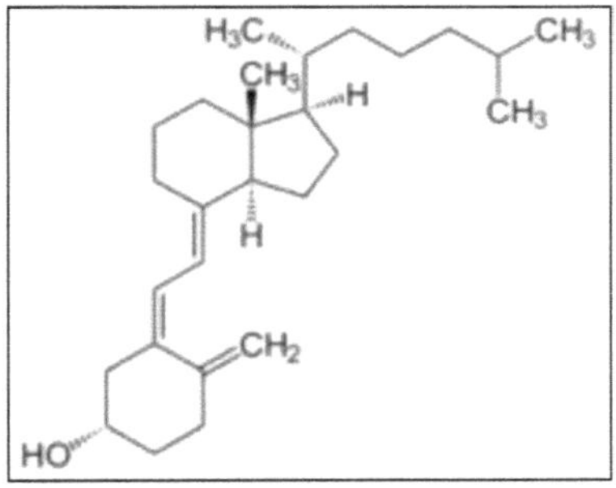

Abb. 2: Strukturformel Vitamin D[27]

Die Hauptformen der Calciferole sind das Vitamin D_2 (Ergocalciferol) aus pflanzlicher und das Vitamin D_3 (Cholecalciferol), aus tierischen Herkunft. Diese werden unter Einwirkung von ultravioletten Strahlen aus den jeweiligen Sterine (Provitamin D) umgewandelt. Dabei „wird der Ring B des Steroidgerüsts zwischen C9 und C10 aufgespalten und Präcalciferol gebildet.“[28] So leitet sich Ergocalciferol von Ergosterin ab, während Cholecalciferol aus 7-Dehydrocholesterin gebildet wird. Die Produktionsrate der Vitaminmoleküle hängt von Alter, Hautpegmentierung und Intensität des Sonnenlichtes ab.

Aufgrund dieser im Körper eigenständigen Synthese, entspricht Vitamin D im strengen Sinne nicht der historischen Definition eines Vitamins und wird immer mehr als Hormon angesehen.

Die aktivierten Vitaminmoleküle fungieren bei der Resorption von Calcium und Phosphor als Botenstoffe. Somit ist das fettlösliche Vitamin bei der Bildung sowie Instandhaltung von Knochen, Knorpeln und Zähnen ein wichtiger Mitspieler.[29]

Schließlich kontrolliert und stabilisiert der Vitalstoff die Calciumkonzentration im Blut, wie beispielsweise bei einer hypokalzämischen (Calciummangel) Tetanie, einem Krampfanfall. [30]

---

[27] https://upload.wikimedia.org/wikipedia/commons/thumb/1/15/Cholecalciferol2.svg/250px-Cholecalciferol2.svg.png (22.10.2016)

[28] http://www.spektrum.de/lexikon/biochemie/vitamin-d/6602 (23.10.2016)

[29] vgl.: Elmadfa, I.; Fritzsche, D.: Die große GU Vitamin- und Mineralstoff-Tabelle, S. 8

[30] Murschall, R.: Vitamine und Mineralstoffe, S. 28

Die DGE legt folgende Referenzwerte für die Vitamin D-Zufuhr pro Tag zugrunde.

Alter	Vitamin D µg/Tag
Säuglinge	
0 bis unter 4 Monate	10
4 bis unter 12 Monate	10
Kinder	
1 bis unter 4 Jahre	5
4 bis unter 7 Jahre	5
7 bis unter 10 Jahre	5
10 bis unter 13 Jahre	5
13 bis unter 15 Jahre	5
Jugendliche und Erwachsene	
15 bis unter 19 Jahre	5
19 bis unter 25 Jahre	5
25 bis unter 51 Jahre	5
51 bis unter 65 Jahre	5
über 65 Jahre	10
Schwangere ab 4. Monat	5
Stillende	5

Tab. 3: Empfohlene Tageszufuhr Vitamin D[31]

Wiederholende grippale Infekte, Atemwegsbeschwerden, Muskelkrämpfe, Herzbeschwerden, Schuppenflechte oder Verdauungsstörungen können auf eine Unterversorgung an Vitamin D hinweisen, die bis zur Erweichung der Knochen, Osteomalazie gennant, führen kann. Ein weiteres Krankheitsbild ist die fehlerhafte Ausbildung und Verformung der Wirbelsäule.[32]

„Als besonders reich an Vitamin D wurden solche Lebensmittel bezeichnet, durch die mit einer üblichen Portion mindestens 20% der von der DGE empfohlenen Zufuhr von Vitamin D erreicht werden“[33] Beispiele für solche natürlichen Vorkommen sind in folgender Tabelle aufgelistet.

[31] vgl.: https://www.dge.de/wissenschaft/referenzwerte/vitamin-d/ (24.10.2016)

[32] vgl.: Murschall, R.: Vitamine und Mineralstoffe, S. 30

[33] Elmadfa, I.; Fritzsche, D.: Die große GU Vitamin- und Mineralstoff-Tabelle, S. 8

Lebensmittel (verzehrbarer Teil)	Portion 100 g	µg je Portion**	% der empf. Tageszufuhr*
Milchprodukte	Schmelzkäse 45% Fett	3	30
Hühnerei		3	30
Fette und Öle	Lebertran	300	3000
	Butter 85%	2	20
	Margarine 25%	3	30
Fleisch	Lammleber	2	20
Fisch	Makrele	4	40
	Sardine	11	110
	Aal	20	200
	Weißer Heilbutt	5	50
	Lachs	16	160
Obst	Avocado	5	50
Pilze	Pfifferlinge	2	20
	Steinpilze	3	30
	Champignons	2	20

*Empfohlene Tageszufuhr für Erwachsene: 10 µg

**Der Vitamingehalt schwankt je nach Sorte und Herkunft zum Teil erheblich.

Tab. 4: Reiche Quellen an Vitamin D[34]

3. 5. 3 Vitamin B_{12}

Vitamin B_{12}, Coenzym B_{12} oder auch Adenosylcobalamin genannt, zählt zu den wasserlöslichen Vitaminen und ist ein Sammelbegriff für verschiedene Cobalamin-Verbindungen, die den Vitaminen der B-Gruppe zugeordnet werden. Die Grundstruktur dieser Stoffklasse verzeichnet ein Ringsystem aus fünf Stickstoffatomen und einem austauschbaren Liganden, welches das zentral anliegende ein-, zwei- oder dreifach positiv geladene Cobalt-Ion umschließt.[35]

[34] vgl.: Elmadfa, I.; Fritzsche, D.: Die große GU Nährwert- und Kalorien-Tabelle, S. 82 - 87

[35] vgl.: http://www.chemie.de/lexikon/Cobalamine.html (24.10.2016)

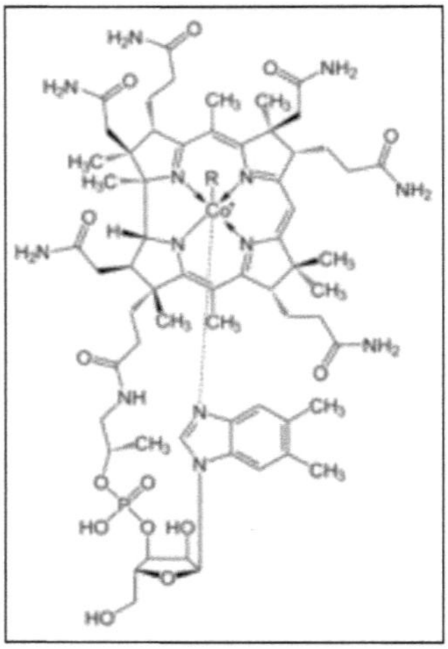

Abb. 3: Strukturformel Vitamin B_{12}[36]

Vitamin B_{12} kann ausschließlich durch Mikroorganismen synthetisiert werden und ist daher hauptsächlich in tierischen Lebensmitteln und in pflanzlichen fermentierten Produkten enthalten. Solche Bakterien sind zwar in der menschlichen Darmflora enthalten, sind jedoch kaum von Nutzen, da sie für die Resorption nicht ausreichend über Vitamin-B_{12}-bindende Proteine verfügt (Intrinsic factor).[37]

In der aktiven Form von Methylcobalamin und 5-Desoxyadenosyl-cobalamin agiert Vitamin B_{12} als Kofaktor und übernimmt essentielle Funktionen im Bereich des Eiweißstoffwechsels, des Nervensystems sowie der Regeneration der Schleimhäute. Ferner trägt das Vitamin bei der Umwandlung der Folsäure in ihr wirksames Derivat, der Tetrahydrofolsäure, bei. Somit ist es für Prozesse, wie der Zellteilung als auch der Bildung und Reifung der Erythrozyten erforderlich.

Folgende Tabelle fast die empfohlene Mengen an Vitamin B_{12} pro Tag zusammen.

---

[36] https://upload.wikimedia.org/wikipedia/commons/thumb/9/99/Cobalamin.svg/501px-Cobalamin.svg.png (25.10.2016)

[37] vgl.: Elmadfa, I.; Fritzsche, D.: Die große GU Vitamin- und Mineralstoff-Tabelle, S. 24f.

Alter	Vitamin B12 µg/Tag
Säuglinge	
0 bis unter 4 Monate	0,4
4 bis unter 12 Monate	0,8
Kinder	
1 bis unter 4 Jahre	1,0
4 bis unter 7 Jahre	1,5
7 bis unter 10 Jahre	1,8
10 bis unter 13 Jahre	2,0
13 bis unter 15 Jahre	3,0
Jugendliche und Erwachsene	
15 bis unter 19 Jahre	3,0
19 bis unter 25 Jahre	3,0
25 bis unter 51 Jahre	3,0
51 bis unter 65 Jahre	3,0
über 65 Jahre	3,0
Schwangere ab 4. Monat	3,5
Stillende	4,0

Tab. 5: Empfohlene Tageszufuhr Vitamin B_{12}[38]

Symptome, die auf eine Hypovitaminose von Vitamin B_{12} hinweisen, treten in der Regel spät auf, da die Cobalamine in der Leber großräumig gespeichert werden. Wenn die Mindestzufuhr dennoch über längere Zeit nicht gedeckt wird, „äußert sich [ein Mangel] in bestimmten Formen von Anämie und Schädigungen des Nervensystems, die sich als Gedächtnisschwäche bis hin zur Demenz manifestieren können.“[39]

„Als besonders reich an Vitamin B_{12} wurden solche Lebensmittel bezeichnet, durch die mit einer üblichen Portion mindestens 25% der von der DGE empfohlenen Zufuhr von Vitamin B_{12} erreicht werden“[40] Am häufigsten ist das Vitamin in Salzwasser- und Süßwasserfischen vorzufinden. Weitere Vitamin B_{12}-ertragreiche Lebensmittel sind in kommender Tabelle aufgeführt.

[38] vgl.: https://www.dge.de/wissenschaft/referenzwerte/vitamin-b12/ (24.10.2016)

[39] Murschall, R.: Vitamine und Mineralstoffe, S. 59

[40] Elmadfa, I.; Fritzsche, D.: Die große GU Vitamin- und Mineralstoff-Tabelle, S. 25

Lebensmittel (verzehrbarer Teil)	Portion 100 g	µg je Portion**	% der empf. Tageszufuhr*
Milchprodukte	Kuhmilch 3,5%	1,5	50
	Schafmilch	0,8	26
Hühnerei		2,5	83
Fleisch	Lammleber	2,0	66
	Hasenfleisch	1,0	33
	Schweinefleisch	2,0	66
Fisch	Hering	8,5	281
	Kabeljau	1,2	40
	Lachs	2,9	96

*Empfohlene Tageszufuhr für Erwachsene: 3 µg
**Der Vitamingehalt schwankt je nach Sorte und Herkunft zum Teil erheblich.

Tab. 6: Reiche Quellen an Vitamin B_{12}[41]

3.5.4 Vitamin C

Vitamin C, Ascorbinsäure oder auch Ascorbat genannt, zählt zu den wasserlöslichen Vitaminen und ist der Chemikaliengruppe der organischen Festkörpersäuren zuzuordnen. Die Chemische Struktur lässt sich in drei Elemente einteilen: eine Lactonstruktur, zwei enolische Hydroxylgruppen sowie eine sekundäre und eine primäre Alkoholgruppe. Aufgrund der antioxidativen Eigenschaft, wirkt Ascorbinsäure bei der Biosynthese im menschlichen Organismus als oxidierender Stoff, der Elektronen auf andere Moleküle überträgt (Elektronendonator).[42]

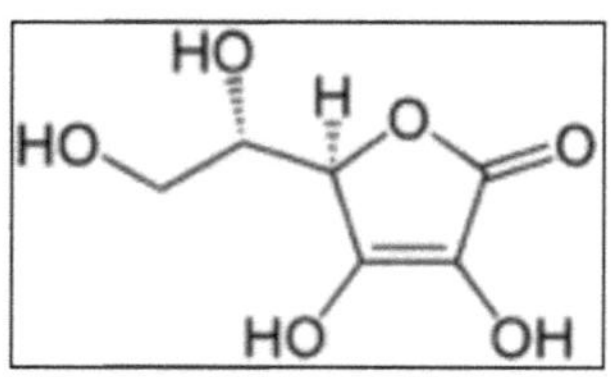

Abb. 4: Strukturformel Vitamin C[43]

In der Natur kommt Vitamin C in jeder pflanzlichen und tierischen Zelle vor, und ist somit das am meisten auftretende Vitamin von allen.

[41] vgl.: Elmadfa, I.; Fritzsche, D.: Die große GU Nährwert- und Kalorien-Tabelle, S. 82 - 87

[42] vgl.: http://www.chemie.de/lexikon/Ascorbinsäure.html (22.10.2016)

[43] https://upload.wikimedia.org/wikipedia/commons/thumb/e/e7/L-Ascorbic_acid.svg/200px-L-Ascorbic_acid.svg.png

Vitamin C zählt für viele Forscher als das wichtigste Vitamin, da es viele Funktionen der anderen Vitamine aufgreift und bei fast allen Stoffwechselvorgängen im weitesten Sinne eine Funktion aufweist.

Bis auf die Wirkung beim Sehvorgang, weißt Ascorbinsäure die gleichen Funktionen wie Vitamin A auf. So wirkt sie, neben Vitamin A, als Antioxidant und schützt Körperzellen vor Krankheitserregern. Auch bei der Wundheilung fungiert das Edukt „als Aktivator und Regulator des Zellstoffwechsels“[44] und spielt bei der Herstellung verschiedener Hormone, zum Beispiel in den Keimdrüsen, neben Vitamin A eine wichtige Rolle.
Außerdem trägt Vitamin C zur besseren Verwertung von Eisen im Körper bei und weißt somit die gleiche Funktion wie Vitamin D bei der Bildung und Funktionserhaltung der Stützgewebe auf.[45]

In der nachfolgenden Tabelle, werden die von der DGE empfohlenen Richtwerte an Vitamin C pro Tag aufgeführt.

Alter	Vitamin C mg/Tag m	Vitamin C mg/Tag w
Säuglinge		
0 bis unter 4 Monate	20	
4 bis unter 12 Monate	20	
Kinder und Jugendliche		
1 bis unter 4 Jahre	20	
4 bis unter 7 Jahre	30	
7 bis unter 10 Jahre	45	
10 bis unter 13 Jahre	65	
13 bis unter 15 Jahre	85	
Erwachsene		
15 bis unter 19 Jahre	105	90
19 bis unter 25 Jahre	110	95
25 bis unter 51 Jahre	110	95
51 bis unter 65 Jahre	110	95
über 65 Jahre	110	95
Schwangere ab 4. Monat		105
Stillende		125

Tab. 7: Empfohlene Tageszufuhr Vitamin C[46]

[44] Elmadfa, I.; Fritzsche, D.: Die große GU Vitamin- und Mineralstoff-Tabelle, S. 26
[45] vgl.: Murschall, R.: Vitamine und Mineralstoffe, S. 41f
[46] vgl.: https://www.dge.de/wissenschaft/referenzwerte/vitamin-c/ (24.10.2016)

Aufgrund des vielfältigen Vorkommens und der meist hohen Konzentration, gilt die Vitamin C-Versorgung in den westlichen Ländern als gesichert. Menschen aus Entwicklungsländern sind oft von der Mangelkrankheit Skorbut betroffen, die ab einer zwei bis viermonatigen Unterversorgung von Vitamin C auftritt. Anzeichen wie multiple innere Blutungen, Zahnausfall, Müdigkeit, Blutergüsse, Konzentrationsmangel sowie ein schwaches Immunsystem können eine solche C-Hypovitaminose deuten.[47]

Eine Hypervitaminose durch Vitamin C ist sehr selten, da der Körper einen Überschuss an Ascorbinsäure über den Urin ausscheidet. Dennoch kann eine hohe orale Einzeldose ab 5g zu Durchfall führen.

„Als besonders reich an Vitamin C wurden solche Lebensmittel bezeichnet, durch die mit einer üblichen Portion mindestens 50% der von der DGE empfohlenen Zufuhr von Vitamin C erreicht werden."[48] Beispiele für Lebensmittel, die als reiche Quelle Vitamin gelten, sind in folgender Tabelle zu finden.

Lebensmittel (verzehrbarer Teil)	Portion 100 g	mg je Portion**	% der empf. Tageszufuhr* Männer	Frauen
Fleisch	Huhnleber	55	50	58
Obst	Kiwi	71	65	75
	Acerola	1000	909	1052
	Papaya	80	73	84
	Johannisbeere (schwarz)	189	172	199
	Zitrone	61	56	64
	Orange	55	50	58
Gemüse	Paprika gelb	294	267	309
	Rosenkohl	100	91	105
	Spinat	60	55	63
	Fenchel	92	84	97
	Broccoli	110	100	116

*Empfohlene Tageszufuhr für Erwachsene (m/w): 110 mg / 95 mg
**Der Vitamingehalt schwankt je nach Sorte und Herkunft zum Teil erheblich.

Tab. 8: Reiche Quellen an Vitamin C[49]

3.6 Überdosierung und Risiken

Vitamin A-Einnahmen bis zum zehnfachen der empfohlenen Tageszufuhr gelten im allgemeinen als gut verträglich. Kurzeitigen Einzeldosen ab 100 mg können

[47] vgl.: Elmadfa, I.; Fritzsche, D.: Die große GU Vitamin- und Mineralstoff-Tabelle, S. 27
[48] Elmadfa, I.; Fritzsche, D.: Die große GU Vitamin- und Mineralstoff-Tabelle, S. 27
[49] vgl.: Elmadfa, I.; Fritzsche, D.: Die große GU Nährwert- und Kalorien-Tabelle, S. 82 - 87

zu Symptomen wie Übelkeit, Erbrechen, Kopfschmerzen und Appetitverlust führen.
Bei regelmäßiger Einnahme höherer Dosierungen während der Schwangerschaft können Missbildungen beim Kindern entstehen, die bis zur Aborte führen können. Außerdem steigt das Risiko an Osteoporose zu erkranken, da zu viel Vitamin A die Aktivität des Vitamin D hemmt. Ferner wurden erhöhte Blutfettwerte sowie Hauttrockenheit und Haarausfall beobachtet.[50]
Außerdem steigt das Lungenkrebsrisiko bei Raucher an, wenn Beta-Carotin über Supplemente zugeführt wird. So belegte eine finnische Studie, an der dreißigtausend Raucher teilnahmen, dass die Personen, die täglich 20 mg Beta-Carotin-Präparate bekamen, um 18% häufiger an Lungentumoren erkrankten. Folglich stieg die Sterblichkeitsrate um 8%. Ähnliche Ergebnisse erzielte die amerikanische Studie“ CARET“.[51]

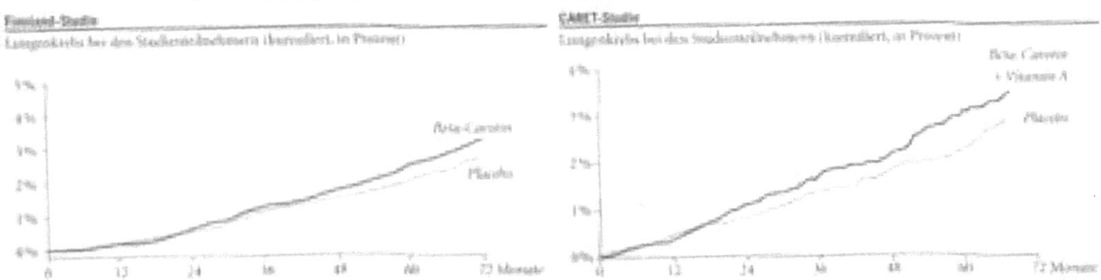

Abb. 5: Erhöhung des Lungenkrebsrisiko durch Beta-Carotin[52]

Bei Vitamin D gelten Einnahmen ab den zwanzigfachen der empfohlenen Tageszufuhr als toxisch. Hinweise für eine kurzfristige Vitamin D-Hypervitaminose sind Übelkeit, Appetitlosigkeit, Kopfschmerzen, Muskelschwäche, Bluthochdruck und Nierenbeschwerden.
Überdosierungen ab 50 µg pro Tag führen zu einer erhöhten Nierensteinbildung und zu Veränderungen an der Knochensubstanz.[53,54]

50 vgl.: Murschall, R.: Vitamine und Mineralstoffe, S. 24
51 vgl.: Pollmer, U.; Warmuth S.: Lexikon der populärsten Ernährungsirrtümer, S. 46
52 Pollmer, U.; Warmuth S.: Lexikon der populärsten Ernährungsirrtümer, S. 45
53 vgl.: Murschall, R.: Vitamine und Mineralstoffe, S. 31
54 vgl.: Elmadfa, I.; Fritzsche, D.: Die große GU Vitamin- und Mineralstoff-Tabelle, S. 8

Für Überdosierungen von Vitamin B_{12} sind keine Risiken bekannt, da extreme Mengen direkt über den Urin ausgeschieden werden. Dies gilt, wie bereits in Kap 3.3 erwähnt, für alle wasserlöslichen Vitamine.[55]

So gilt auch Vitamin C als sicher. Nur durch eine unnormale exzessive Einnahme ab 5g, kann es zu Beschwerden wie Durchfällen und Übelkeit kommen. Dieser würde beispielsweise ein Konsum von 27 Vitamintabletten gleichen.

---

[55] Sabersky, A.: Functional Food, S. 59

4. Sinnhaftigkeit der Supplemantation von Vitaminen

4.1 Gründe für den Einsatz

4.1.1 Vitaminverlust in Lebensmitteln

Vitaminverluste in Lebensmitteln entstehen automatisch und ständig. Ganz gle-ich ob schon bei dem Transport, bei der Lagerung oder letzten Endes bei der Zubereitung. Doch wie kommt es zu dazu?

Obst und Gemüse wird heutzutage frühzeitig geerntet, damit es während des Transports noch nachreifen kann und bei uns in der Küche noch frisch ankommt. Doch die frühzeitige Ernte hat auch Nachteile, denn unreifes Obst oder Gemüse hat von sich aus einen niedrigen Vitamingehalt. Ein weiterer Grund für den drastischen Verlust an Vitaminen in der Nahrung, sind ausgelaugte und schadstoffbelastete Böden. Verursacht werden diese durch ständige Belastung, wie zum Beispiel durch Pestizide, was zu einer (Nähr- und) Vitalstoffarmut im Saat führt. Beispielsweise enthielten Äpfel vor im Jahr 1985 durschnitlichlich 5 mg Vitamin C pro 100g. 17 Jahre später wurde nur noch ein Gehalt von 2 mg gemessen. Dies entspricht einen Verlust von 60 Prozent.[56]

Ferner wurde nachgewiesen, dass auch beim Nahrungsmitteltransport Verluste entstehen. Beispielsweise gehen schon an einem Tag bei Raumtemperatur 40 Prozent des Vitamin C-Gehalts verloren.[57]

Besonders der Faktor Temperatur spielt eine große Rolle bei dem Verlust von Vitaminen vor allem wenn es um die Lagerung geht. Lebensmittel werden meistens bei Temperaturen zwischen 0 und 30° C oder bei -18° C und tiefer gelagert. Die Auslöser für Vitaminveränderungen bei der Lagerung von Lebensmittel sind Abbauverluste „durch enzymatische oder chemische Oxidation sowie durch Wärme-, Licht-, und Sauerstoffeinwirkung“ [58] In der nachfolgenden Tabelle sieht man welche Vitamine unter welchen Einwirkungen besonders empfindlich sind.

---

[56] http://www.gesundheitlicheaufklaerung.de/wp-content/uploads/2009/07/Nahrwerte.png?79b932 (01.11.2016)

[57] Strunz, U.; Jopp A.: Forever young, S.14

[58] Bognar, A.: Vitaminverluste bei der Lagerung und Zubereitung von Lebensmitteln, in: Ernährung Österreich, S. 413

Empfindlichkeit von Vitaminen

Vitamin	Zerstörung durch Einfluss von Hitze	Sauerstoff	Licht	Säure	Kochverluste in %
A	–	++	++	–	10–30
D	–	+	+	–	gering
E	–	+	+	–	50
K	+	–	+	–	–
B_1	++	+	–	–	30–50
B_2	+	–	+	–	0–50
B_6	+	–	+	–	0–40
B_{12}	–	+	+	–	–
Folsäure	+	–	–	+	0–90
Niacin	–	–	–	–	0–30
Pantothensäure	+	–	–	+	0–45
C	+	+	+	–	20–80

– = unempfindlich + = empfindlich ++ = sehr empfindlich

Abb. 6: Empfindlichkeit von Vitaminen[59]

Zu Vitaminverlusten bei der Zubereitung kann es beim Schälen, Putzen, Mahlen oder Pressen kommen.

Ein nennenswerter Fall von mechanischer Abtrennung von Vitaminen ist bei der Herstellung von fettarmen Produkten zu sehen, beispielsweise beim Entfetten von Milch. Dabei wird bei der Entfernung der Fettphase auch fettlösliche Vitamine abgetrennt.

Verluste von wasserlösliche Vitamine entstehen beispielsweise durch Wässern von Gemüse, das ein häufiges Verfahren in Großküchen ist. Aber auch das bloße Zerkleinern von rohem Gemüse und Obst führt zu Vitaminverlusten, denn durch Schneiden, Reiben, Zerquetschen oder Mixen wird der enzymatische Abbau an Vitamin C beschleunigt.[60]

4.2.2 Erhöhter Vitaminbedarf bei Risikogruppen

Zu den Bevölkerungsgruppen, die durch ein Vitaminmangel am meisten gefährdet sind, zählen Schwangere und Stillende, Kinder und Jugendliche, Senioren, chronisch Kranke, Raucher, Vegetarier sowie Personen, die langandauernde Medikamente zu sich nehmen oder unter Einschränkungen bei der Lebensmittelzufuhr leiden.

All diese Gruppen sind verstärkt unter Stresssituationen ausgesetzt und haben deshalb einen erhöhten Bedarf an Vitaminen. Dieser kann am einfachsten durch Vitaminpräparate ausgeglichen werden. Beispielsweise sind Leistungss-

---

[59] Elmadfa, I.; Fritzsche, D.: Die große GU Nährwert- und Kalorien-Tabelle, S.75

[60] vgl.: Bognar, A.: Vitaminverluste bei der Lagerung und Zubereitung von Lebensmitteln, in: Ernährung Österreich, S. 478

portler unbedingt auf eine dauerhafte Supplementierung angewiesen, da diese ihre Vitaminreservoire beim Sport, durch Hitzeregulation und Energiegewinnung, ständig aufbrauchen.[61]

4.1 Gründe gegen den Einsatz

4.1.1 Ausgewogene gesunde Ernährung

Fakt ist, dass die beste Methode, einen Vitaminmangel oder einen Vitaminüberschuss zu vermeiden, eine ausgewogene und abwechslungsreiche Ernährung ist. Orientiert man sich nach den Richtwerten der DGE, kann man sicher sein, seinen Vitaminbedarf zu decken.[62] Das man dabei bereits weit über seinen Mindestbedarf liegt, ist den meisten nicht bewusst.

Demgemäß sind die meisten Verbraucher nicht über den Unterschied zwischen dem Bedarf und Zufuhrempfehlung aufgeklärt. So definiert die Weltgesundheitsorganisation (WHO) den Bedarf als „die kleinste Nährstoffmenge, die zugeführt werden muß [sic!],um Mangelerscheinungen zu verhindern […]“[63]. Ferner variiert der Mindestbedarf Individuell stark und kann nur durch Blutuntersuchungen festgestellt werden.

Wenn man sich nach der Zufuhrempfehlung richtet, sollte man beachten, dass diese den Mindestbedarf plus einen sogenannten Sicherheitszuschlag beinhaltet. Diese quantitative Richtschnur ist von Land zu Land unterschiedlich und wird so hoch angesetzt, damit sämtliche individuellen Schwankungen auszugleichen werden.[64] Beispielsweise wird in den "Recommended Dietary Intakes“ der USA eine tägliche Vitamin C-Zufuhr von 60mg für Erwachsene empfohlen. Im Verhältnis zur der in der von der DGE genannten, entspricht dies grob der Hälfte. Weitere Unterschiede können aus folgender Abbildung entnommen werden.

[61] vgl.: Sabersky, A.: Functional Food, S. 74

[62] siehe Tab. 9

[63] Pollmer, U.; Warmuth S.: Lexikon der populärsten Ernährungsirrtümer, S. 362

[64] vgl.: Pollmer, U.; Warmuth S.: Lexikon der populärsten Ernährungsirrtümer, S. 362f

Empfehlung	Mindestbedarf	Durchschnittlicher Bedarf	Bevölkerungsreferenzwert
Vitamin C für Erwachsene pro Tag			
USA	ca. 10 mg	–	60 mg
EU	12 mg	30 mg	45 mg
DGE	–	–	100 mg
Folsäure für Erwachsene pro Tag			
USA	–	–	200 µg
EU	85 µg	140 µg	200 µg
DGE	–	–	400 µg

Abkürzungen: *mg = Milligramm = Tausendstel Gramm*
µg = Mikrogramm = Millionstel Gramm
DGE = Deutsche Gesellschaft für Ernährung

Abb. 7 : Bedarf und Empfohlene Zufuhr an Vitamin C und Folsäure nach DGE versus USA[65]

4.1.2 Unkontrollierte und überdosierte Einnahmen

„Viel hilft Viel“, so lautet meistens das Motto beim Einsatz von Vitaminpräperaten. Laut zweiter Nationaler Verzehrsstudie wies jeder dritte Konsument doppelte bis dreifache Werte im Blut vor, wie eigentlich von der DGE empfohlen.[66] Hintergrund dieser zu hohen Einahmen ist einerseits die fehlende Aufklärung über mögliche Risiken bei Überdosierungen. „Als Verbraucher verliert man in Anbetracht der Fülle an Inhaltsstoffen und Dosierungen [...] den Überblick.“, meint Dr. Martin Schulz[67]. Folgendermaßen sind die meisten Personen sich nicht bewusst, dass Nahrungsergänzungsmittel nur so lange gesund sind, bis die Höchstgrenze der Konzentration des entsprechenden Vitamins (und Minerals) im Blut erreicht ist.

Andererseits enthalten die meisten Präperate zu hohe Konzentrate an wasserlöslichen Vitaminen. Zwar verzichten die meisten Hersteller bei der Produktion der Supplemente auf die Verwendung von fettlöslichen Vitamine, da das Risiko einer toxischen Überdosierung zu hoch ist, dafür aber, wird der Gehalt der restlichen „unbedenklichen“ Vitamine, in den Präparaten viel zu hoch konzentriert. So enthält beispielsweise eine Vitamin C-Brausetablette der Marke “dm“ 240mg Ascorbinsäure, was das vierfache der empfohlenen Tagesdosis eines

[65] Pollmer, U.; Warmuth S.: Lexikon der populärsten Ernährungsirrtümer, S. 363

[66] vgl: Nationale Verzehrsstudie II Ergebnisbericht, Teil 2, S. 159

[67] Sauer, B.: Nahrungsergänzungsmittel - Viele Produkte, wenig Nutzen, in: Pharmazeutische Zeitung, S. 32

Erwachsenen entspricht.[68] Diese liegt dann noch höher, wenn man dazu die natürlichen Vitamin C-Zufuhr aus Lebensmitteln addiert. Somit steht die Zufuhr von solchen Konzentraten in Verbindung mit Vitaminüberschüssen im Blut.

[68] vgl.: https://www.dm.de/das-gesunde-plus-vitamin-c-brausetabletten-p4010355054685.html (7.11.2016)

5. Forschungsumfrage

5.1 Entwicklung des Fragebogens

Der Fragebogen besteht aus insgesamt 13 Fragen und setzt sich aus drei unterschiedlichen Bereichen zusammen. Der erste Bereich greift soziodemographische Parameter auf. Im zweiten Teil folgen Fragen, die sich auf den Gesundheitszustand der Befragten beziehen. Im weiteren Verlauf analysiert der Fragebogen Konsumverhalten, Erfahrungen sowie Sachkenntnis der Teilnehmer in Bezug auf Nahrungsergänzungsmittel, um danach passende Verhaltensmuster bilden zu können.

Bei der Erstellung der Fragen ist darauf geachtet worden, dass diese prägnant formuliert sind, um somit den Fragebogen für jeden Befragten ansprechend und interessant zu gestalten. Damit die Fragen für jeden Befragten gleichermaßen verständlich sind, wurden keine Fachausdrücke, Fremdwörter oder Abkürzungen verwendet und auf doppelte Negationen, Verneinungen und lange, komplexe Satzstrukturen verzichtet.

Bei der Entwicklung der Antwortmöglichkeiten wurden auf die verschiedenen Skalentypen zurückgegriffen. Diese dienen als standardisierte Instrumente zur Datenerhebung und beruhen auf sozialwissenschaftliche Forschungen. Unterschieden werden die Skalentypen nach Nominal-, Ordinal-, Intervall- und Ratioskala. Antworten, die differenzierte Meinungen oder Einstellungen erfassen, werden mit metrischen Skalen, also der Varianz an Antworten, ermöglicht. Hierzu stehen Zeilen für Formulierungen zur Verfügung.[69]

5.2 Befragungssituation und Durchführung der Umfrage

Als Erhebungsmethode wurde die schriftliche, autonome Befragung gewählt. Vorteilhaft an dieser Methode ist die Unabhängigkeit der Befragten. So wird im Gegensatz zur narrativen Befragung, kein Interviewer benötigt, welcher die Befragungssituation beeinflussen könnte.

Gleichzeitig spielt die Anonymität eine der bedeutendsten Rollen bei dieser Erhebungsmethode. Auf diese Weise kann sichergestellt werden, dass die Be-

---

[69] vgl.: Schnell, R.; Hill P., Esser, E.: Methoden der empirischen Sozialforschung S.142

fragten ihre Erfahrungen und Meinungen offen äußern können, ohne ihren Namen nennen zu müssen. Ferner wurde darauf geachtet, den Teilnehmern ausreichend Zeit zu geben, um eine optimale Beantwortung der Fragen zu erreichen. Durchschnittlich lag diese bei 7 Minuten.

Die Umfrage wurde in den Fußgängerzonen der Münchner Innenstadt an einem Sonntagnachmittag durchgeführt. Die Befragung wurde mit Absicht an einem Ruhetag durchgeführt um sicher zu gehen, dass die Befragten nicht unter Alltagsstress stehen und sich ausreichend Zeit nehmen um die Fragen gewissenhaft zu beantworten.

Trotz ansprechendem Design und freundlicher Kontaktaufnahme verzeichnete sich eine begrenzte Teilnahme der Angesprochenen, was die Durchführung mühsam und zeitaufwendig machte.

Vor der Befragung wurden die Befragten darauf hingewiesen, die Fragen wahrheitsgemäß und vollständig zu beantworten. Ebenso wurde die anonyme Auswertung, die keine Rückschlüsse auf die Person zulässt, betont und der Begriff „Nahrungsergänzungsmittel" definiert.

5.3 Auswertung der Umfragebögen

Im Folgenden werden die Befragten anhand der soziodemographischen Parameter 'Alter', 'Geschlecht', 'Ausbildung' sowie zentrale Daten zum Gesundheitsstatus beschrieben.[70]

An der Umfrage nahmen insgesamt 50 Personen *(N)* zwischen 14 und 80 Jahren teil. Im Blick auf das Alter der Teilnehmer ergibt sich folgende Aufteilung:

[70] Im nachfolgenden Text wird aufgrund besserer Lesbarkeit auf die gleichzeitige Verwendung männlicher und weiblicher Sprachformen verzichtet. Personenbezeichnungen gelten für beide Geschlechter.

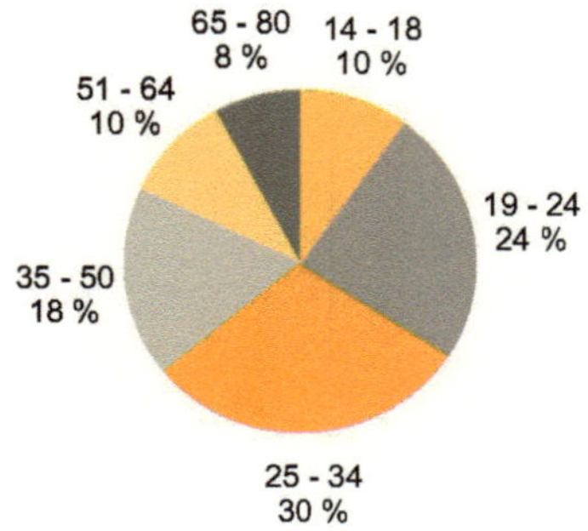

Abb. 8: Anteil der Altersgruppen in Jahren

Auf die Verteilung der Geschlechter bezogen ergibt sich folgendes Bild:

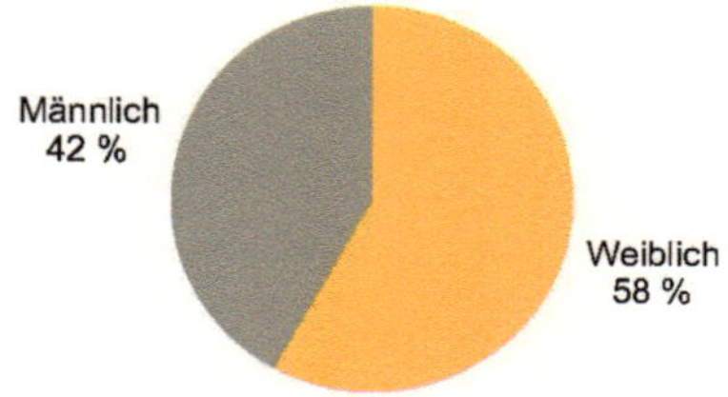

Abb. 9: Anteil der Männer versus Frauen

Zur Zeit der Befragung waren 6% aller Teilnehmer Schüler und hatten noch keinen Abschluss und sind daher bei der Auswertung der Antworten bezüglich des höchsten Schulabschlusses nicht berücksichtigt worden. Die übrigen Teilnehmer wiesen folgende Schulabschlüsse vor:

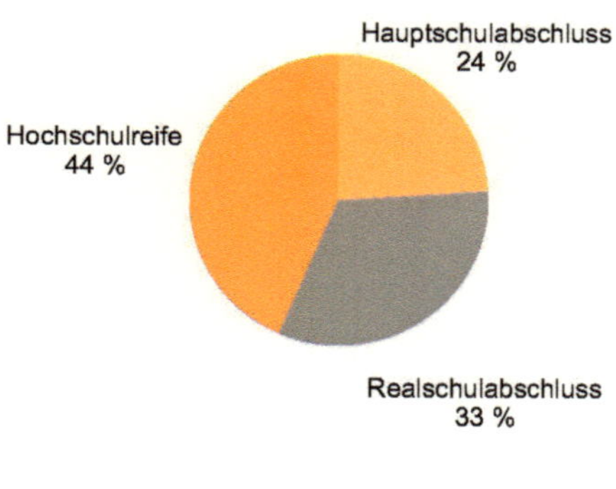

Abb. 10:: Anteil der höchsten allgemein bildende Schulabschlüsse

Bei den Selbstangaben zum Gesundheitszustand wurde eine hohe Zufriedenheit dargelegt und wie folgt geantwortet:

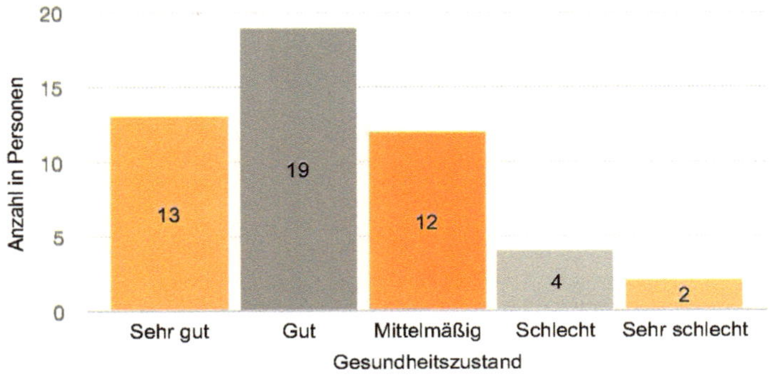

Abb. 11: Selbsteinschätzung des Gesundheitszustandes

Auf die Frage, wie oft die Teilnehmer in der Woche sportlich aktiv sind, wurde wie folgt geantwortet:

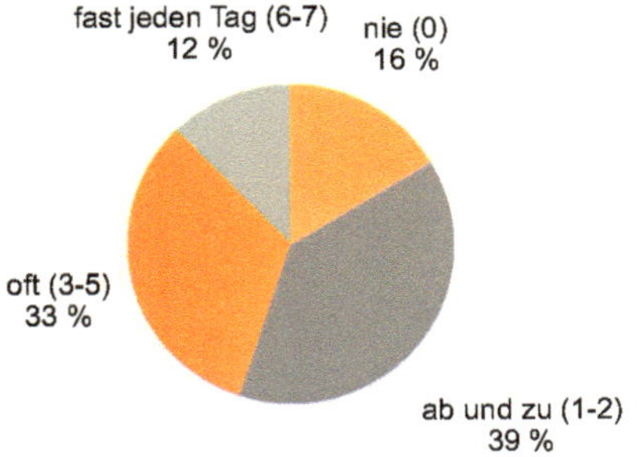

Abb. 12: Anteil der Häufigkeit der sportlichen Aktivität pro Woche

5.4 Diskussion

5.4.1 Verhaltensmuster

Setzt man die Auswertungen der Frage 6 mit den unabhängigen Variablen und Daten des Gesundheitszustandes aus Teil I in Verbindung ergeben sich Muster beim Konsumverhalten.

Die größten Personengruppen, die eine Vitaminsupplementierung bestätigten, sind: Frauen, Senioren sowie Personen mit höherem Bildungsniveau und vermehrter sportlicher Aktivität.

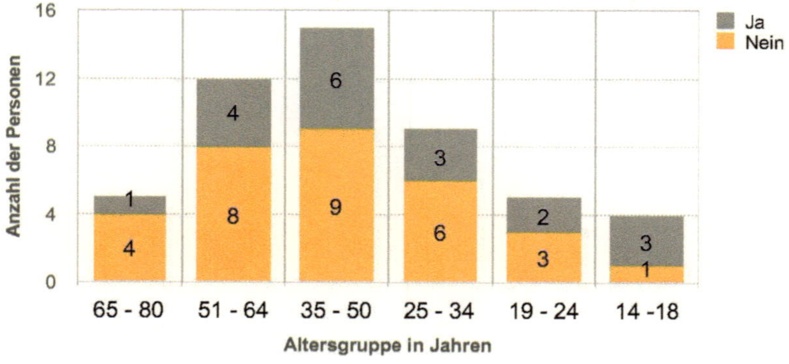

Abb. 13: Häufigkeit der Vitaminergänzung differenziert nach Altersgruppen

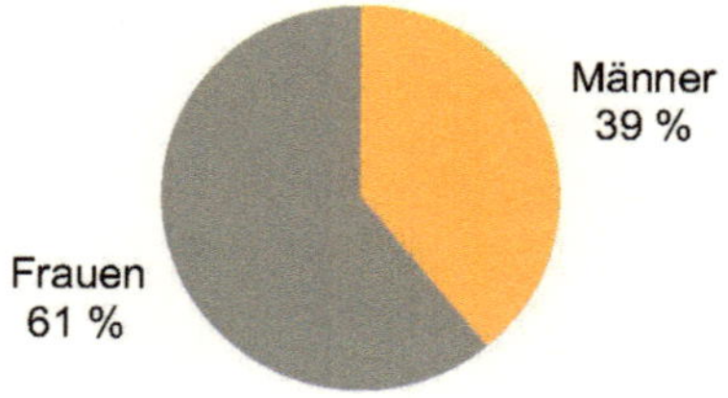

Abb. 14: Anteil der Vitaminergänzung nach Geschlecht

Folglich supplementieren Jugendliche und Erwachsene, sowie Personen aus bildungsfernen Schichten seltener.

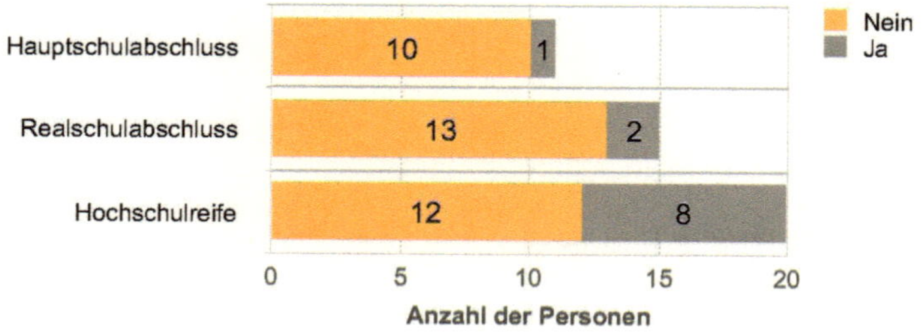

Abb. 15: Häufigkeit der Vitaminergänzung differenziert nach Schulabschluss

Ferner stellte sich heraus, dass Personen, die ihre Gesundheit selbst mit „schlecht“ oder „sehr schlecht“ bewerteten, häufiger Supplemente zu sich nehmen als gesunde.

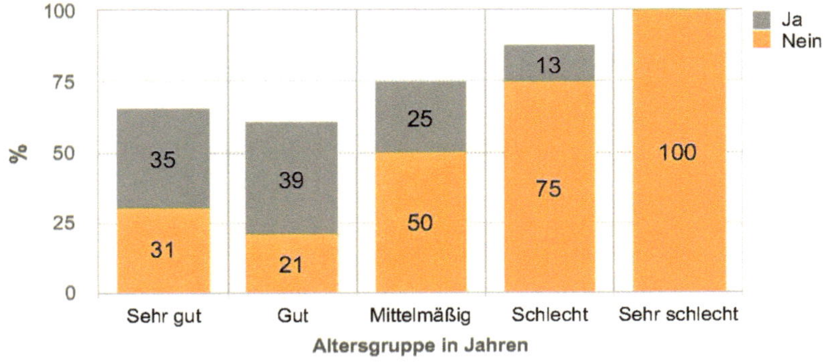

Abb. 16: Häufigkeit der Vitaminergänzung differenziert nach Gesundheitszustand

Im zweiten Teil der Umfrage nannten die Befragten, die Vitaminpäperate zu sich nahmen, ihr Hauptmotiv, warum sie eine Supplementierung anwendeten.
Somit versprechen sich 61% der Probanden einen gesundheitlichen Zusatznutzen, wohingegen nur 18% einen Ausgleich ihrer unausgewogene Ernährung erstreben.

Folgende Abbildung veranschaulicht die Zufriedenheit der Konsumenten:

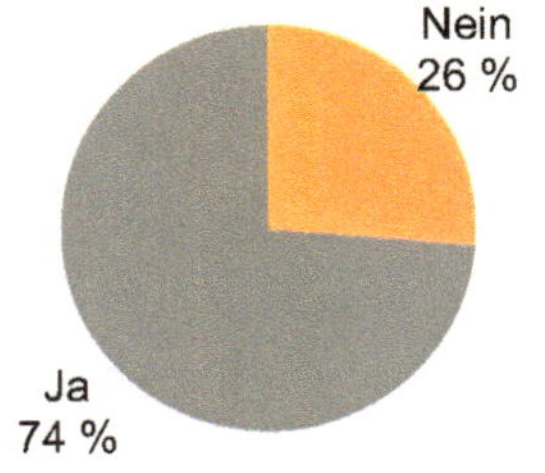

Abb. 17: Anteil der Zufriedenheit aller Konsumenten

5.4.2 Hintergrundwissen und Einschätzung

Bei der Auswertung der Angaben der letzten Fragen, wurde die Ahnungslosigkeit der Befragten in Bereich der Vitamine deutlich dargestellt. Bei Frage Nr. 11 gaben 64% der Befragten an, „teils“ oder „sehr“ über Vorteile von Vitaminsupplementen informiert zu sein. Die Selbsteinschätzung ergab im gesamten folgendes Bild:

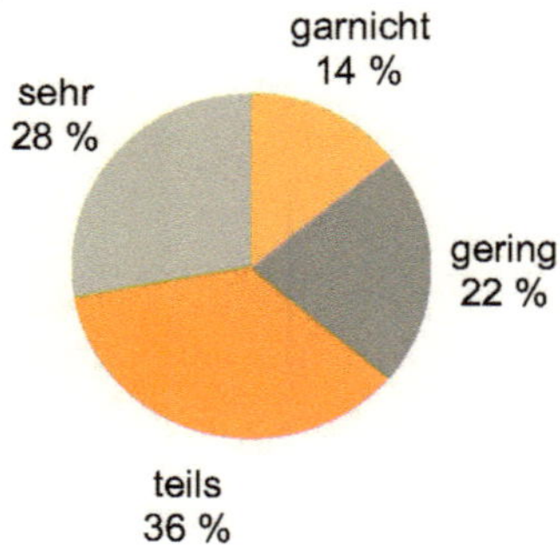

Abb. 18: Anteil der Selbsteinschätzungen über ausreichende Aufklärung von Vorteilen

Im Kontrast dazu, wurde das Wissen über mögliche Risiken, als „gering“ oder sogar „garnicht“ ausreichend beschreiben:

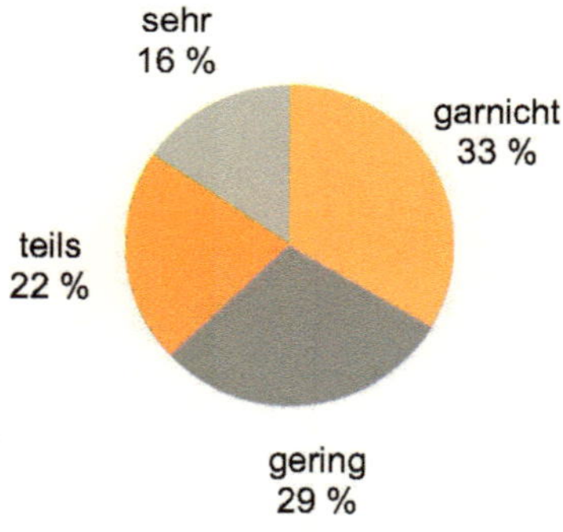

Abb. 19: Anteil der Selbsteinschätzungen über ausreichende Aufklärung von Risiken

Denn wer ausschließlich über Vorteile informiert wird, geht verständlicherweise davon aus, dass es keine Nachteile gibt. So schätzte der Großteil der Teilnehmer bei Frage 13 den Profit von Konzentraten größer als das Risiko ein.

Diese Unwissenheit führt meistens zu fatalen Irrglauben bei der Einahme von Vitaminpräparaten. Somit wird die, in Kap. 4.1.2 genannte These einer unkontrollierten Einnahme unterstützt. Warum der meiste Teil der Befragtentrotz allem auf Vitaminpräparate, bleibt offen.

6. Fazit: Sinnvoll oder gefährlich?

In Hinsicht auf die vorherigen Kapitel, die „Vitamin-Irrtümer" beschrieben und auf die Risiken von Vitamin Supplementation hinwiesen, wird gezeigt, dass der Status der Präparate als „Wundermittel" nicht gerechtfertigt ist. Eine Annahme nach dem Motto „Je mehr, desto besser" kann auch bei Vitaminen gefährliche Auswirkungen haben.

Die wahrscheinlich größte Gefahr besteht in der Unwissenheit der Verbraucher, die ständig ansteigt, wie in der selbstgeleiteten Umfrage deutlich wurde. Die Freiverkäuflichkeit unterstützt dieses Unwissen, denn so beschäftigt sich der Verbraucher nur wenig mit dem Produkt und es landet schneller im Einkaufskorb wie man auch nur ahnen könnte, dass eine Überdosierung oder falsche Anwendung an Vitaminpräparaten auch negative Folgen mit sich trägt.

Damit ist man schon bei der nächsten Gefahr: die fehlerhafte Einnahme. Die Freiverkäuflichkeit unterstützt nicht nur die Unwissenheit der Verbraucher, sondern geht das Risiko ein, dass eine fehlerhafte Einnahme nie ganz auszuschließen ist.

Jedoch wie schon ganz zu Beginn dieser Arbeit erwähnt, sind Vitamine lebensnotwendig. Es ist unabdinglich, dass die tägliche Zufuhr den Bedarf an Vitaminen decken muss. Eine ausgewogene und abwechslungsreiche Ernährung schafft es den eigenen Bedarf unter normalen Umständen zu decken. Nur im Falle der Risikogruppen, ist dies nicht der Fall. Dort kann es zu einer Unterversorgung kommen und diese manifestiert sich somit zu einem Vitaminmangel. Zu den Risikogruppen gehören beispielsweise Schwangere und Senioren, denn sie haben einen erhöhten Bedarf und stehen deshalb unter einem erhöhten Risiko, dass die modernen Ernährungsgewohnheiten ihren Bedarf nicht ausreichend decken. Bei diesen Risikogruppen wäre eine kurzzeitige Supplementation von Vitaminen durchaus sinnvoll.

Fest zu halten ist auch, dass kein allgemein gültiger Durchschnittswert für den täglichen Vitaminbedarf besteht, denn dieser ist individuell verschieden. Die Zufuhrempfehlungen der DGE können somit nur als ein Richtwert dienen.

Zusammenfassend lässt sich sagen, dass jeder der sich um eine gesunde und ausgewogene Ernährung bemüht, sich keine Sorgen um einen Vitaminmangel

machen muss und somit gänzlich auf Supplementation von Vitaminen verzicht-
en werden kann.

7. Abkürzungsverzeichnis

Abb.	Abbildung
bzw.	beziehungsweise
DGE	Deutsche Gesellschaft für Ernährung e.V
g	Gramm
Kap.	Kapitel
m	männlich
mg	Milligramm
Tab.	Tabelle
u.A	unter Anderem
w	weiblich
µg	Mikrogramm

8. Anhang

8.1 Referenzwerte für die tägliche Vitaminzufuhr nach DGE

	Vitamine											
	Fettlösliche				Wasserlösliche							
	A	D	E	K	B_1	B_2	Niancin	B_6	B_{12}	Folsäure	B_{12}	C
	mg	µg	mg	µg	mg	mg	mg	mg	µg	µg	µg	mg
	m / w	m / w	m / w	m / w	m / w	m / w	m / w	m / w	m / w	m / w	m / w	m / w
Säuglinge												
0 bis unter 4 Monate	0,5	10	3	4	0,2	0,3	2	0,1	0,4	60	0,4	20
4 bis unter 12 Monate	0,6	10	4	10	0,4	0,4	5	0,3	0,8	80	0,8	20
Kinder												
1 bis unter 4 Jahre	0,6	5	6 / 5	15	0,6	0,7	8	0,4	1,0	120	1,0	20
4 bis unter 7 Jahre	0,7	5	8	20	0,7	0,8	9	0,5	1,5	140	1,5	30
7 bis unter 10 Jahre	0,8	5	10 / 9	30	0,9 / 0,8	1,0 / 0,9	11 / 10	0,7	1,8	180	1,8	45
10 bis unter 13 Jahre	0,9	5	13 / 11	40	1,0 / 0,8	1,1 / 1,0	13 / 11	1,0	2,0	240	2,0	65
13 bis unter 15 Jahre	1,1 / 1,0	5	14 / 12	50	1,2 / 1,0	1,4 / 1,1	15 / 13	1,4	3,0	300	3,0	85
Jugendliche und Erwachsene												
15 bis unter 19 Jahre	1,0 / 0,8	5	15 / 12	70 / 60	1,4 / 1,1	1,6 / 1,2	17 / 13	1,6 / 1,2	3,0	300	3,0	105 / 95
19 bis unter 25 Jahre	1,0 / 0,8	5	15 / 12	70 / 60	1,3 / 1,0	1,4 / 1,1	16 / 13	1,5 / 1,2	3,0	300	3,0	110 / 95
25 bis unter 52 Jahre	1,0 / 0,8	5	14 / 12	70 / 60	1,2 / 1,0	1,4 / 1,1	15 / 12	1,5 / 1,2	3,0	300	3,0	110 / 95
51 bis unter 65 Jahre	1,0 / 0,8	5	13 / 12	80 / 65	1,2 / 1,0	1,3 / 1,0	15 / 11	1,5 / 1,2	3,0	300	3,0	110 / 95
über 65 Jahre	1,0 / 0,8	5	12 / 11	80 / 65	1,1 / 1,0	1,3 / 1,0	14 / 11	1,4 / 1,2	3,0	300	3,0	110 / 95
Schwangere (ab 4. Monat)	1,1	5	13	60	1,3	1,4	16	1,9	3,5	550	3,5	105
Stillende	1,5	5	17	60	1,3	1,4	16	1,9	4,0	450	4,0	125

Tab. 9: Referenzwerte für die tägliche Vitaminzufuhr nach DGE

8.2 Umfragebogen

Eigener Fragebogen, erstellt mit Pages (2015):

FRAGEBOGEN
Gesundheit und Fitness

Danke dass Sie sich Zeit nehmen an meiner Befragung teilzunehmen. Selbstverständlich werden alle ihre Antworten anonymisiert ausgewertet und lassen keine Rückschlüsse auf ihre Person zu. Um ehrliche Antwort wird gebeten.

1. Wie alt sind Sie ? (Angeben in Jahren)

14-18 ☐ 19-24 ☐ 25-34 ☐ 35-50 ☐ 51-64 ☐ 65-80 ☐

2. Welches Geschlecht haben Sie?

Männlich ☐ Weiblich ☐

3. Welchen höchsten Abschluss haben Sie bis jetzt absolviert ?

Kein Schulabschluss (Schüler) ☐ Hauptschulabschluss ☐ Realschulabschluss ☐ Hochschulabschluss ☐

4. Wie schätzen Sie Ihren momentanen Gesundheitszustand ein ?

sehr gut ☐ gut ☐ mittelmäßig ☐ schlecht sehr ☐ schlecht ☐

5. Wie oft treiben Sie Sport in der Woche?

nie (0) ☐ ab und zu (1-2mal) ☐ oft (3-5mal) ☐ fast jeden Tag (6-7mal) ☐

FRAGEBOGEN

Konsumverhalten und Erfahrungen

6. Nehmen Sie Vitamine in Form von Nahrungsergänzungsmittel zu sich?

ja ☐ nein ☐

(Falls Sie diese Frage mit **nein** beantwortet haben, weiter auf Seite 3)

7. Wie oft nehmen Sie diese zu sich?

mehrmals am Tag ☐ mehrmals in der Woche ☐ nicht regelmäßig ☐

8. Wo kaufen Sie hauptsächlich Ihre Nahrungsergänzungsmittel?

Supermarkt ☐ Drogerie ☐ Internet ☐ Apotheke ☐

9. Kreuzen Sie ein Hauptmotiv an, die Ihre Einnahme am besten begründet?

☐ Schutz vor Krankheiten ☐ Ausgleich von unausgewogener Ernährung ☐ Heilung von Krankheiten

☐ Verzögerung von Alterserscheinungen ☐ Müdigkeit und Ausgeschlagenheit ☐ Leistungssteigerung (bspw. im Sport)

☐ anderer Grund: ____________________

10. Sind Sie mit den Ergebnissen der Einnahme zufrieden ?

ja ☐ nein ☐

FRAGEBOGEN 3

Hintergrundwissen und Einschätzung

11. Sind Sie Ihrer Meinung nach genügend über Vorteile von Vitaminpräparaten aufgeklärt?

garnicht ☐ gering ☐ teils ☐ sehr ☐

12. Sind Sie Ihrer Meinung nach genügend über Risiken von Vitaminpräparaten aufgeklärt?

garnicht ☐ gering ☐ teils ☐ sehr ☐

13. Wie schätzen Sie das Verhältnis von Risiko zu Nutzen bezüglich der Konzentrate?

Risiko bei weitem größer als Nutzen 1 ☐ 2 ☐ 3 ☐ 4 ☐ Nutzen bei weitem größer als Risiko

Vielen Dank für Ihre Teilnahme!

Rafael Lopes dos Reis

9. Literatur- und Quellenverzeichnis

Bücher:

Elmadfa, I.; Fritzsche, D.: Die große GU Vitamin- und Mineralstoff-Tabelle, 1. Auflage, GRÄFE UND UNZER Verlag GmbH, München 1998

Elmadfa, I.; Fritzsche, D.; Aign, W.; Muskat, E.: Die große GU Nährwert-Kalo rien-Tabelle, 3. Auflage, GRÄFE UND UNZER Verlag GmbH, München 2015

Kügel, J. W.; Hahn, A.; Delewski, M.; NemV. Nahrungsergänzungsmittel Verordnung, 1. Auflage, C.H.Beck-Verlag, München 2007

Murschall, R.: Vitamine und Mineralstoffe: Lebenswichtige Nährstoffe für Gesundheit und Wohlbefinden, 1. Auflage, Gondrom Verlag GmbH, Bindlach 2006

Pollmer, U.; Warmuth, S.: Lexikon der populären Ernährungsirrtümer. Mißverständnisse, Fehlinterpretationen und Halbwahrheiten von Alkohol bis Zucker, 3. Auflage, Piper Verlag GmbH, Frankfurt am Main 2011

Sabersky, A.: Functional Food. 99 verblüffende Tatsachen, 1. Auflage, TRIAS Verlag, Stuttgart 2008

Schnell, R.; Hill P.; Esser, E.: Methoden der empirischen Sozialforschung, 9. Auflage, Oldenbourg Wissenschaftsverlag, o.O. 2011

Strunz, U.; Jopp, A.: forever young. Topfit mit Vitaminen. Mehr Leistungskraft & Lebensfreude, 5. Auflage, GRÄFE UND UNZER Verlag GmbH, München 2005

Zeitschriften/Zeitungen:

Bognar, A.: Vitaminverluste bei der Lagerung und Zubereitung von Lebensmitteln, in: Ernährungszeitschrift Österreich, 1995, Nr. 9

Sauer, B.: Nahrungsergänzungsmittel - Viele Produkte, wenig Nutzen, in: Pharmazeutische Zeitung, 2009, Nr. 14

Siebenand, S.: Das Hormon der Streithähne, in: Pharmazeutische Zeitung, 2012, Nr. 6

Internet:

BMELV: http://www.bmel.de/DE/Ernaehrung/SichereLebensmittel/ SpezielleLebensmittelUndZusaetze/Nahrungsergaenzungsmittel/ Nahrungsergaenzungsmittel_FAQs/_Texte/Ergaenzungsmittel-Verbraucher/ NEMvsAZM.html, aufgerufen am 10.10.2016

BMELV: http://www.bmel.de/DE/Ernaehrung/SichereLebensmittel SpezielleLebensmittelUndZusaetze/Nahrungsergaenzungsmittel/ Nahrungsergaenzungsmittel_node.html, aufgerufen am 10.10.2016

DGE: https://www.dge.de/wissenschaft/referenzwerte/vitamin-a-b-carotin/, aufgerufen am 24.10.2016

DGE: https://www.dge.de/wissenschaft/referenzwerte/vitamin-b12/, aufgerufen am 24.10.2016

DGE: https://www.dge.de/wissenschaft/referenzwerte/vitamin-c/, aufgerufen am 24.10.2016

DGE: https://www.dge.de/wissenschaft/referenzwerte/vitamin-d/, aufgerufen am 24.10.2016

Duden: http://www.duden.de/rechtschreibung/Vitamin, aufgerufen am 28.09.2016

Max Rubner-Institut: Bundesforschungsinstitut für Ernährung und Lebensmittel: Nationale Verzehrs Studie II. Ergebnisbericht, Teil 2. Die bundesweite Befragung zur Ernährung von Jugendlichen und Erwachsenen: https:// www.bmel.de/SharedDocs/Downloads/Ernaehrung NVS_Ergebnis berichtTeil2.pdf?__blob=publicationFile, aufgerufen am 19.10.2016

N.N.: http://www.chemie.de/lexikon/Ascorbinsäure.html, aufgerufen am 22.10.2016

N. N.: http://www.chemie.de/lexikon/Retinol.html, aufgerufen am 22.10.2016

N.N.: https://www.dm.de/das-gesunde-plus-vitamin-c-brausetabletten-p4010355054685.html, aufgerufen am 19.10.2016

N.N.: http://www.gesundheitlicheaufklaerung.de/wp-content/uploads/2009/07/ Nahrwerte.png?79b932, aufgerufen am 01.11.2016

N.N.: http://www.spektrum.de/lexikon/biochemie/vitamin-d/6602, aufgerufen am 23.10.2016

Abbildungsverzeichnis